手間をかけずに
農地を守る

粗放的農地利用活用事例集

—最適土地利用総合対策に向けて—

農文協

粗放的農地利用が求められる背景

農業人口の減少

農業従事者の減少と高齢化に伴い、各地で使いきれない農地が荒廃農地（耕作されていない農地）に変わりつつあります。この傾向は中山間地域において顕著であり、問題になっています。

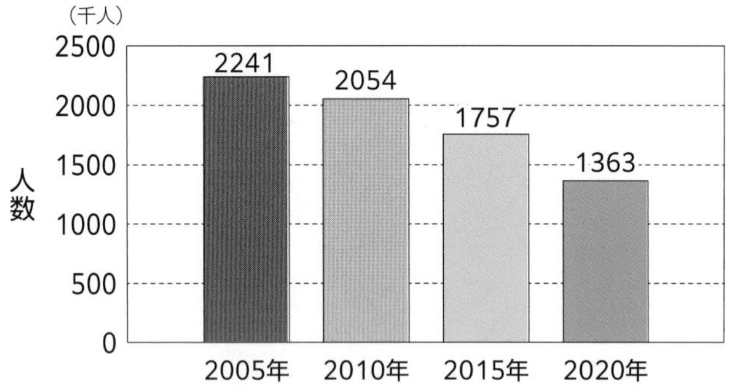

資料：農林水産省「農林業センサス」、「2010年世界農林業センサス」（組替集計）
注１：各年2月１日時点の数値
注２：2005年の基幹的農業従事者数は販売農家の数値

図１　基幹的農業従事者数の推移

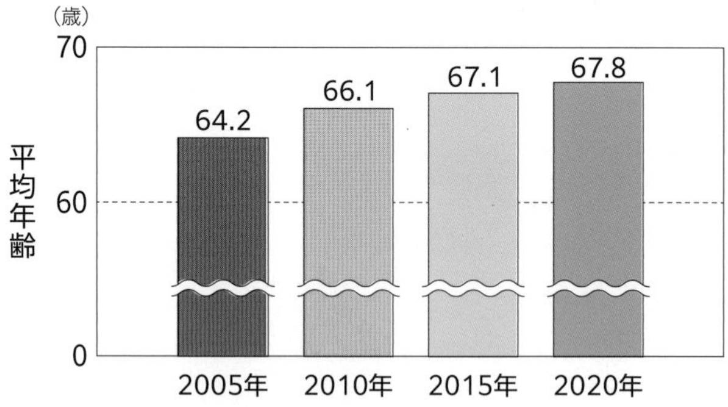

資料：農林水産省「農林業センサス」
注１：統計数値については、表示単位未満を四捨五入したため、合計値と内訳の計が一致しない場合がある。
注２：2005年および2010年の基幹的農業従事者数は販売農家の数値

図２　基幹的農業従事者の平均年齢の推移

荒廃農地の増加

荒廃農地とは、現在耕作されていない農地を示す言葉ですが、厳密には再生可能な荒廃農地と再生が難しい荒廃農地の２種類があり、2010年から20年の10年間で再生が難しい荒廃農地は約5,500ha増加しています。

表３　荒廃農地の推移　　単位：万ha

	2010年	2011年	2012年	2013年	2014年	2015年	2016年	2017年	2018年	2019年	2020年
再生利用が困難	14.4	13.0	12.5	13.5	14.4	16.0	18.3	19.0	18.8	19.2	19.2
再生利用が可能	14.8	14.8	14.7	13.8	13.2	12.4	9.8	9.2	9.2	9.1	9.0
合計	29.2	27.8	27.2	27.3	27.6	28.4	28.1	28.2	28.0	28.3	28.2

資料：農林水産省「荒廃農地の発生・解消状況に関する調査」2020年

未来のために農地を使い分ける

農業人口の減少という大きな流れが変わらない以上、すべての農地を営農しながら保全していくことは困難です。そこで考えられたのが、農地を集約し担い手に任せて営農を続ける農地と、粗放的に利用して手間をかけずに保全する農地を使い分ける最適土地利用総合対策です。

農地のゾーニング

最適土地利用総合対策ではまず、農業者、地域住民を含む地域ぐるみの話し合いによって、地域の農地をゾーニングすることを想定しています。ゾーニングとは、それぞれの農地の条件に合わせて、農地の使い方を決めていくことです。例えば、集落の中心あたりにある使いやすい農地は集約して担い手に任せるが、村外れの傾斜地にある農地は蜜源作物の栽培など粗放的に使う、というように決めます。

最適土地利用総合対策は、この農地利用の話し合いや実証的な取り組み、さらにこれらに基づいた基盤整備や農地利用に対して総合的に支援する制度です。

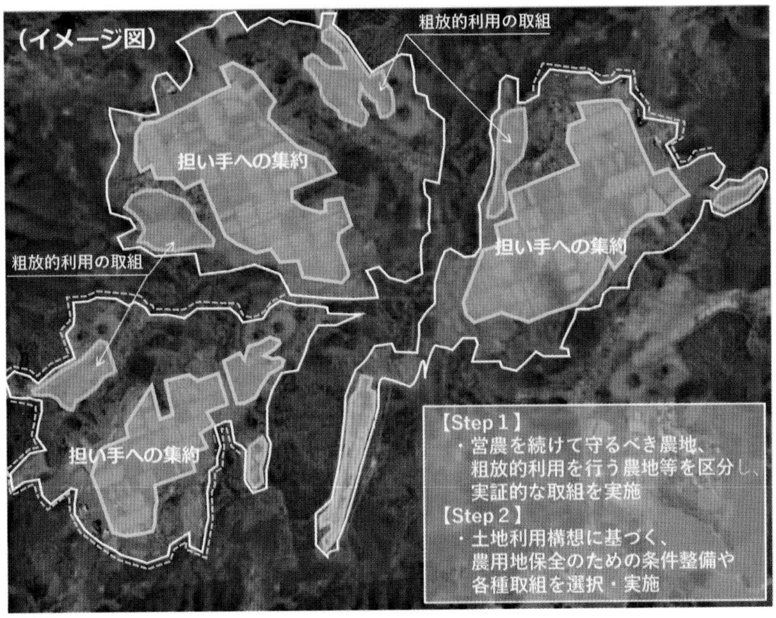

図3　ゾーニングのイメージ（イメージ図は農林水産省「最適土地利用総合対策の説明資料」より転載）

ゾーニングの考え方

①農地として利用するなら
「担い手へ集積・集約」する
「個人・地域」で継続して管理する

②管理の手間を減らすには
「粗放的利用」や「低密度な植林による緩衝帯」にする

③再生利用が困難な農地は
「非農用地」にしていく

粗放的利用とは

ゾーニングの際に、農地の利用法の一つとして考えられるのが、粗放的利用です。これは労力や経費を極力かけずに農地を管理し、管理費程度の収益が見込める作物を栽培するなど、農地を継続的に有効活用する利用方法です。主に**放牧**、**蜜源作物**（レンゲ等）、**緑肥作物**、**省力作物**（飼料作物、資源作物等）の栽培等があります。

本冊子では、この粗放的に農地を活用している全国の事例を紹介します。

放牧

養蜂

これなら わしら素人でもやれる、新規就農者も来た

岡山県高梁《たかはし》市・(農) 西山維進会

導入する経産牛はほぼ舎飼いだったから電気柵を知らないのですぐには放牧地に放さず、電気柵で囲った簡易牛舎に入れる。電気柵に触れてビックリしても外に飛び出ないように、さらに外側を足場パイプで囲っておく。1～2週間もすれば電気柵に近付かないようになる。広い放牧地では2～3カ所に区切ってローテーションさせる。山の中まで入れるように電気柵を張っているので、夏の暑い日も木陰に入れる

2頭で150万円！ 調子に乗った

西山地区は標高約500mの中山間地。西山維進会は人・農地プランがきっかけでつくった組織で、現在の構成員は11人。それぞれ夏秋トマトやピオーネなどをつくっており、会としてはトマトの作業受託などをしてきた。半数はＩターン者だ。

一方で地区の水田は約50haあり、そのうち7割が耕作放棄地になっている。

「このまま放っておくわけにはいかんとはみんな思っとった。転作でトマトやピオーネもつくっているが、あと30ha以上もどうすりゃいい？と」

そんなとき、市内で耕作放棄地に牛を放して管理している所を知り、さっそく視察に行ってみた。

「これなら農地が守れるし、わしら素人でもやれる」

耕作放棄地を借り、2015年に2頭の黒毛和種の経産牛を、JAを通して鹿児島から購入。2頭の子牛が生まれ、すくすく育ち、翌16年のセリに出すと、

「1頭50万円で売れれば御の字、と思っていたのに、70万～80万円の値が付いた。これでみんな調子に乗った（笑）」

10haに8頭を放牧

ヤナギやウルシなどの灌木やカヤが生い茂っていた田んぼも、牛が入って見違えるようにきれいになった。すっかり気をよくし、16年に新たに経産牛2頭を購入。17年には4頭購入し、現在は4カ所計10haに、親牛8頭を2頭ずつ放牧している。17年のセリには子牛を3頭出して210万円の売り上げになった。

西山維進会代表の吉家さんは元JA職員だが、牛に取り組むのは初めて。その他ほとんどのメンバーは牛を触ったこともなかった。

「こんなド素人集団じゃが、ちゃんと牛飼い、やれてます（笑）」

そんな「初めての牛飼い」で、どんな準備と管理をしてきたのだろう。

放牧地探し&牛の訓練

▶50a以上の農地を確保

まずどこを放牧地にするか。吉家さんは最低50a、できれば1ha以上まとまっていることを条件にしている。1頭あたりそれくらいの草地が必要だからだ。またなるべくなら水はけがよいほうが牧草の育ちがいいが、そう簡単に条件のいい土地が転がり込んでくるわけではないので、吉家さん達は積極的に声をかけ、候補地を探している。

「ここだったら何とかなるのではという土地があったら、地権者だけでなく、集落の自治会長と話したり、集会所で説明会を開いてみんなの了解を得る。こういう段取りは、Ｉターンの若者ではなく、地元生まれの人の役割」

地代は10a3,000円で10年契約。なかには無償でいいという人もいる。そこまで話を付けてから、すべて中間管理機構を通して借りる。

「農地がちゃんと返ってくるのか」とか「糞尿のニオイが心配だ」という人もいたが、維進会は地区内の営農組織だから話はまとまりやすい。現在の放牧地は、20人以上の地権者から借り、合計30万円の地代を払っている。

▶牛を放して掃除刈り

借りた農地は、木が生えてどこが水田だったかもわからないような場所がほとんど。重機も入らず、排水対策に明渠を掘ることもできない。まずは周辺の草を刈って電気柵を張り、さっそく牛を投入。牧草を播ける状態になるまで「掃除刈り」をさせる。

牛の放牧で欠かせないのは水飲み場だが、元水田だから水を引きやすく、これは苦労しない。

▶中山間等のおカネを活用

5～6産の経産牛を買うといっても、1頭50万～90万円する。農地の整備費もかかる。そこで、中山間地直接支払いを活用。「荒れている農地を牛が守《も》りしちゃるけ、中山間の銭の半額は牛に回そうや」と、放牧地のある集落で協議して決めた。

繁殖雌牛の導入には、地域づくり放牧推進事業、牧草を播ける状態まで整備した後は水田活用の直接支払いも使えるようになる。

管理はみんなでラクに

▶エサやり、見回りは交代で

周年親子放牧をしているが、4カ所それぞれ当番を決め、1日1回は必ず配合飼料をやりに行く。ケガなどの異常がないか、食いっぷりがいいか確認したり、触れて人間に慣れさせる。

放牧地に草が豊富な5～10月は、濃厚飼料を1日500g。草が少ない11～4月は購入した輸入乾草を約5kgと、濃厚飼料を1kg与える。エサ代は年間50万円ほどだ。

1カ所の作業は20～30分。1人で4カ所回ることも可能だが、みんなで世話しているという意識付けのためにも分担することにした。他にも、毎週木曜日の午後に集まり、電気柵の補修などの共同作業をすることにしている。

▶周年親子放牧が絶対いい！

「みんなで飼うなら周年親子放牧が絶対ラク」と吉家さん。それぞれ自分の農作業で忙しく、糞出しや敷料交換などの手間はかけられない。子牛への授乳は親牛がしてくれる。牛はストレスがなく、歩き回るので削蹄も必要ない。

それに放牧牛はセリのときにセールスポイントになる。「足腰が強い」「踏ん張りが利く」と評価してくれる肥育農家がいるのだ。

放牧ならではの注意点

すべて順調に見えるが、じつは考えもしなかった事件が起きたこともある。

▶牛が川に落ちた

見回りに行ったら、牛が2mも下の川に落ちていたこともあった。原因は山際で電気柵の向こう側の草を食べようと首を伸ばした牛が電気柵に触れ、パニックで走り回った結果だった。まだ掃除刈りに放したばかりで、川がどこかさえわからない状態だった。幸いケガはなかったが、その後分娩した子牛は死産。ストレスがかかったことは間違いない。そこで、危険な場所は初めに草刈りし、場所によっては電気柵を張らずに金網で囲うことにした。

▶牛同士の相性が悪くて流産

1haあたり1頭の放牧でも、相性が悪い牛を一緒に放すとダメなこともわかった。強い牛に追いかけられた牛がエサを食べなくなり、結局流産してしまった。よく観察するようにした。

▶エサ不足に注意

草が少なくなったら早めに次の放牧地に移すようにしている。エサが足りないと、牛は毒草（ワラビ、オナモミ、ヨウシュヤマゴボウなど）も食べてしまうので、ヘタしたら死んでしまう。

▶炎症が起きやすい？

子牛はとくに臍帯《さいたい》炎に注意。臍帯は生まれてから自然に切れて乾燥するが、山で生活していると泥が付いたりして乾きにくいせいか炎症が起きやすい。見つけたら早めに抗生物質を打つ。

去勢についても、ゴムリングをはめる簡易な方法があるが、1カ月以上もかかり、放牧地では破傷風になりやすい。専用ペンチで早めに処置がすむバルザック法にしている。

「現代農業」2018年1月号（農文協）より抜粋

放牧前　1年作付けがないだけでこの通り

放牧後　排水が悪い所は栽培ビエを、その他ソルゴー、イタリアン、エンバクを播く

ミツバチと農福連携で「お花畑プロジェクト」

髙橋敦志（新潟県阿賀野市・八米）

近所の石塚浩二さんの菜の花畑の隣に巣箱を設置。以前は耕作放棄地だったが、石塚さんが開墾してナタネやライ麦をつくっている

脱サラで稲作+養蜂家に転身

「永続的な自然の維持と共に地域社会を創造する」という理念を掲げ、八米《はちべい》をスタートしたのが2015年。それから丸6年が経過するなかで、水稲と養蜂を行ないながら、農福連携と耕作放棄地を活用した蜜源植物再生という課題解決に取り組んでいます。

以前、私は県内の企業に勤めていましたが、結婚して子供が生まれた30代半ばに、単身赴任がない、家族と共に暮らせる仕事がしたいと考えるようになりました。そうしたなか、実家の父親が趣味で飼っていた西洋ミツバチと、祖父母が耕していたわずかな田んぼに興味を持ち、新規就農を決意。「ミツバチとお米だから、屋号は『八米（HACHIBEI）』がいいんじゃない」という妻のアドバイスを受け、農業を始めました。

家族の後押しを得て、素人なりに模索しながら始めた八米の初年度の経営規模は、蜂群が10群（約20万匹）と田んぼが80a。その後、試行錯誤しながら規模を広げ、現在は蜂群が100群（約200万匹）、田んぼが3haになりました。

耕作放棄地を「お花畑」に

養蜂では、ミツバチのエサとなる蜜源植物が不可欠です。しかし、蜜源は無限ではなく、開発や気候変動で年々減少傾向にあるなか、養蜂家の縄張り問題が全国的に深刻化していました。

私は、原生する蜜源だけを追い求める既存の養蜂スタイルに明るい未来を感じることができず、別の道を探っていたところ、とある農業系の新聞記事を見て「これだ!」と直感しました。それは、山梨県の養蜂家が大学や企業と連携し、耕作放棄地を活用しながら蜜源植物の再生を目指す取り組みでした。

近年、養蜂に適した里山では農家の高齢化が進む一方、サルやイノシシなどの獣害で農地の荒廃が進んでいます。そこで、八米では養蜂と水稲を通じ、美しい里山の原風景を引き継ぎつつ、自らの手で蜜源を再生する「八米お花畑プロジェクト」をスタートしました。2017年のことです。

休耕畑にヒマワリ、荒廃カキ園にヤマザクラ

蜜源植物は、数ある植物のなかから、田んぼでのレンゲ、畑でのヒマワリ、そのほか樹木のヤマザクラを選びました。

米づくりの裏作としてのレンゲは、田植え前にすき込むことで緑肥として活用できるうえ、ミツバチの大好きな花でハチミツを採取できます。化学肥料が台頭する前は、米どころの新潟にはたくさんのレンゲ畑があったようです。米とハチミツを生産する八米にはもってこいのため、八米の田んぼの一部（約1ha）に取り入れました。

ヒマワリは、ミツバチにとって花の少ない夏場の栄養源となり、見る人を喜ばせる花としての魅力があります。道路からの眺めがよいよう、幹線道路近くの4人の地主から計3haの休耕地を借りて、10a当たり2kgのタネを播種。2019年からは農地をさらに有効活用するために、初夏の菜の花との二毛作にしました。

また、人気が高いサクラのハチミツは、主にヤ

マザクラから採取されます。草花と違って樹木の場合はどこに植えてもいいというわけにはいきません。場所探しにはたいへん苦労しましたが、獣害で荒廃した高台のカキ畑3haを3年前に借りることができました。養蜂に使うという名目により、カキの木からヤマザクラに植え替えることの承認を農業委員会から得られたので、地目変更はせずにすみました。毎年100本ほどの苗木を植樹しています。

こうした休耕地の地代はあるところとないところがありますが、地主には八米のハチミツを差し上げています。

クラウドファンディングで資金調達

蜜源再生はすぐに利益を生み出すものではありません。畑を耕し、タネを播き、開花を待つ必要があり、蜜源植物の面積が狭ければ採れるハチミツもわずかです。蜜源植物にもよりますが、菜の花やヒマワリの場合は2 ～ 3群で1ha程度はほしいところです。また、樹木の場合は、古い木を伐採し、苗木を植えて育てなければならないので数年がかりです。いざ、プロジェクトを始めてみると収益化の難しさがわかり、出費がかさみ始めました。

そんななか、二つの転機が訪れました。一つは、クラウドファンディングの活用です。阿賀野市のクラウドファンディング活用支援事業を使い「融資型クラウドファンディング」で300万円の資金を調達。新聞などのメディアにも取り上げてもらい、たくさんの反響がありました。

二つ目は、「耕作放棄地のお花畑化プロジェクト推進協議会」からの支援です。先述の新聞記事で紹介されていたメンバーが中心となって設立した組織で、そのなかの山梨県甲府市の野村養蜂場が私のSNSを見て声をかけてくれたのです。支援金は活動費として、主にタネ代や苗木代、地代、労賃などに充てました。

小さいプロジェクトの大きな成果

荒廃農地で育てる蜜源植物は、タネを播いた後は圃場のまわりの草刈り程度で、日常的な管理はほとんど必要ありません。しかし、すぐに利益を生み出すものではなく、八米がお花畑プロジェクトの蜜源植物から採取するハチミツの量は微々たるものです（販売するハチミツのほとんどは原生する蜜源植物から採取)。ハチミツの収穫という面だけ切り取るとプロジェクトの成果は小さいですが、他の面では成果が見え始めています。

ヒマワリの栽培を始めた当初、写真を撮影してSNSに投稿する人たちが現われました。その後も多くの人が現地を訪れ、人気の撮影スポットになりつつあります。八米では今年から「八米フォトコンテスト」と題し、菜の花とヒマワリのフォトコンテストを開催。花畑の周知に努めています。

お花畑のハチミツの販売が収益化するのはまだまだ先になりそうですが、取り組みの認知度を高めることでファンが増えたという点では成果を実感しています。最近では、保育園、小学校、高校、大学を加えた農・福・学の連携も進んでいます。今年のヒマワリのタネ播きは、2日間で計100人以上が参加しました。

「季刊地域」2021年秋号（農文協）より抜粋

菜の花の花粉や蜜を集める西洋ミツバチ

ハチの飼育場所の調整が必要な場合もある

地域の蜜源に対して蜂群が著しく過剰となる場合は、養蜂業者どうしや都道府県の養蜂協会、地区養蜂組合などで話し合って、蜂群の配置調整が必要な場合もある。阿賀野市の場合は髙橋さんを含め養蜂業者は３人いるが、いずれも地区養蜂組合に蜂群数と飼育場所を相談したうえで、都道府県に飼育届を出している。

なお、2013年の「養蜂振興法」の改正により、養蜂業者だけでなく、趣味の庭先養蜂も飼育届（蜂群数と飼育場所）の提出（窓口は市町村の農政課）が義務付けられるようになった。

ミツバチの飼育戸数と蜂群数の推移（戸、千群）

	2012年	2014年	2016年	2018年	2020年
飼育戸数	5,934	9,306	9,452	9,578	10,021
蜂群数	184	210	212	213	213
平均蜂群数	31.1	22.5	22.4	22.2	21.3

出典：農林水産省生産局畜産部「養蜂をめぐる情勢」2020年11月より抜粋

地エネ作物 エリアンサス 栽培拡大中

髙野啓子（栃木県さくら市・㈱タカノ）

㈱タカノは、造園土木業のかたわら、伐採木や刈り草を粉砕して堆肥にし、地元の農家に販売していたのですが、原発事故の風評被害で事業継続を断念しました。その代わりに木質残渣を活用したペレットの製造・販売を始めると、今度は近隣に大規模木質バイオマス発電所ができて材料が十分に入ってこなくなりました。しかしこれにもめげず、木の代替となる素材を探しに探し、その結果、エリアンサスにたどり着きました。

草でエネルギーの地産地消

エリアンサスは熱帯に自生するイネ科の多年草。生長すると高さ3.6mにもなるサトウキビの近縁種です。農研機構と国際農林水産業研究センターが共同開発した「JES1」という品種があり、東北南部から九州本土までの標高200m以下の地域が栽培適地です。

そんなエリアンサスの特長を一言でいうと、栽培がラクでたくさんとれる「低コスト多収量の草」。私たちは、この草で化石燃料に代わる地産地消のエネルギーをつくりたいと思いました。

エリアンサスを植えようと農地を探していると、さくら市農政課の担当者が案内してくれたのは荒れたクリ畑でした。そこを見た私は「ここをどうやってもとの農地にするの？できるの？」と思いました。何年か前までは栽培されていたみたいですが、クリの木は枯れ、さらにつる性の草で覆われ、地面は枯れた草や枝葉の残骸だらけだったからです。

それでも、目標に向けた初めの一歩。頑張らなければ。重機で残骸を撤去し、伐採、抜根、整地。そこにエリアンサスを植えたのが2014年のことです。

10a2tの収量、年間255tのCO_2を削減

現在は、農地を借りるために立ち上げた㈱タカノ農園で9ha栽培しています。うち5haが耕作放棄地、残りの4haが引き受け先を探していた畑地でした。高齢で耕作できなくなったから農地を引き受けてほしいという依頼が増えていて、来年はさらに1ha拡大する予定です。

10a当たりの収量は今のところ2t（乾燥重）が最高ですが、農研機構の試験圃場では5tが最高とのこと。エリアンサスは5月に芽が出るのですが、それまでに下草が生い茂ると陰ができて収量が減ってしまいます。そうならないように乗用草刈り機

での草刈りに力を入れ、収量3tを目指しています。

収穫したエリアンサスは1kg 15円で㈱タカノ農園から㈱タカノに販売します。栽培による売り上げは10a当たり約3万円です。タカノでは、それを粉砕機で粉末状にし、同様に粉砕した木くずと混ぜ、ペレタイザーという機械で押し固めてペレット燃料にします。

木くずは地元の製材所から廃材を購入。ペレットに木くずを混ぜるのは、草本系バイオマスは木質バイオマスよりも灰分《かいぶん》が多く、灰が高温で融解した後に冷めると固まって、ボイラーが故障する原因になるからです。

エリアンサスペレットは、市営温泉施設に年間約210t供給しています。ペレット導入前の灯油使用量は年間102klで、CO_2排出量は約255tでした。一方、1年分のペレットを燃やしたときのCO_2排出量は368tですが、カーボンニュートラルの考え方では、ペレットの原料が光合成で大気中から取り込んだ分として相殺されます。したがって、灯油からエリアンサスペレットに切り替えたことで、年間約255tのCO_2を削減できたことになります。

酪農家が敷料用に栽培を始めた

耕作放棄地を耕地に戻し、エネルギー作物を植え、ペレットに加工し、地元の温泉施設で燃料として使い、燃えカスはエリアンサス畑に肥料として戻す。この循環が完成するまで3年かかりました。

さくら市は、19年度にバイオマス産業都市に選定され、新たに建設する学校給食センターにもバイオマスボイラーの導入を計画しており、エネルギーの地産地消が進んでいます。

また、ウッドショックでおが粉が高騰し、敷料確保に困った地元の酪農家から、エリアンサスが使えないかと相談を受けました。農研機構の試験牛舎で、チップ状のエリアンサスとワラやおが粉を比べてみると、エリアンサスは含水率が低いので水分吸収がよく、畜舎の敷料として長持ちすると報告をいただきました。これを受け、来年分の敷料としてロールの注文も入るようになりました。牧草地50aにエリアンサスを植えた酪農家もいて、来年はさらに栽培面積を増やすと苗の予約もいただきました。

東日本大震災で停電したとき、電気さえ使えれば照明、暖、衛生が保てることを思い知ったことから、災害時でも緊急避難場所へ電力供給できる態勢をエリアンサスを軸に小規模でつくるのが最終目標です。

「季刊地域」2021年秋号（農文協）より抜粋

エリアンサスのメリット

- 定植翌年から収穫できる。
- 多年草なので同じ株から毎年収穫できる（15年生以上の株はない。現在も更新中）。
- 傾斜の有無や土質など圃場を選ばない。
- 肥料はほとんどいらない（農研機構では、定植当年の元肥は10a当たりチッソ・リン酸・カリそれぞれ9kg、翌年以降は18kgで試験栽培していた）。
- 乾燥に強い。雨水だけで生育する。
- 立毛乾燥するので乾燥工程を省ける。
- 出穂が晩秋以降と遅いため雑草化しない。
- 鳥獣害がない。
- 木材に比べて運搬がラク。

＊茨城、富山、長野、群馬、秋田、三重、京都、新潟の自治体や事業者でも試験栽培を始めている。

収穫時期は11月下旬から4月上旬。
飼料作物収穫機でロールにする

省力作物
ナタネ・ソバ

里山スポーツで獣害減らし、休耕地再生！

君島陽一（栃木県那須塩原市・
青空プロジェクトTHE DAY代表）

有志40人が結集

みなさま、はじめまして。「青空プロジェクトTHE DAY」代表の君島陽一です。

われわれは「楽しみながら塩原を元気にしたい!」思いに共感して集まり、2020年5月から市内西部の塩原温泉エリアで活動しています。栃木県農業大学校時代の同級生と「みんなの仕事のスキルで何かできないか」と議論したのをきっかけに、耕作放棄地の草刈りや地域の古道整備を始めました。これは、地域課題である農林業の獣害対策にもなると考えています。また、耕作放棄地の管理を地権者から委託してもらう形でナタネやソバをつくり、畑には散策路になるアゼ道を復活させました。

当初は20人ほどだったメンバーが現在は40人ほどに増えました。元林業関係者や農機具メーカー勤務、医療従事者、農家、大工さん、観光協会職員、その他たくさんの職種で構成されています。

スポーツで人を呼ぶ

さて、ここまでは、よく見たり聞いたりする地域活性化のお話かもしれません。われわれの新しい取り組みは「地域課題をスポーツアクティビティで解決しよう!」と考え、実践していることが大きな特徴です。

地域の民有林に残る古道の整備では、定期的に整備作業をしながら、夏場はマウンテンバイクで走り回ったり、トレイルランニングの練習会を行なったりします。山々を人間臭くして獣害を少しでも減らそうというわけです。

2021年7月には、獣害対策として「4時間耐久塩原ウチノウラ（家の裏）トレイルリレーマラソン」を開催。栃木県内の自転車愛好家やファミリー向けサイクルフェスティバルも定期的に開いて、里山を訪れる人を増やしています。冬場は、スノーボードやスキーを楽しむ仲間と、雪に残る動物の足跡をたどって行動範囲を調べる「獣道スノーシュー walk」を開催しました。

狩猟免許を持つメンバーもいるので野生鳥獣の駆除も行ないますが、人が山に入ることで動物とのすみ分けができないかと考えています。「害」や「敵」としてではなく、同じ生態系を形成するパートナーと考えます。動物にとって暮らしやすいエリアがあれば、人里へ出て来るのを減らせるのでは、と思うのです。

7haを開墾、ナタネ油やそば粉で地産地消

これらのアイデアは、露地野菜をつくるかたわら約20年ほど続けてきた「郵便配達受託者」としての自分の経験から発想しました。地域の方々からお茶を飲みながら聞いた話を基に実現したものです。郵便配達に回っていると、高齢化に加えて獣害で農業を諦める農家が増えていることを感じます。農家の悩みや相談を聞くたび、先祖が開拓してきた農地を維持したい思いが強まりました。

再生した耕作放棄地は全部で7haほどです。そのうち自分たちが管理させてもらっている2.5haではナタネとソバの二毛作を行なっています。どちらも栽培にあまり手間のかからない作物で、地域の景観づくりに役立つうえ、定年退職後に農業をする男性グループや地域の女性グループと連携して

獣害対策のトレイルランを楽しむ。右から4人目の水色のTシャツが筆者（40歳）。農業はダイコン50ａ、カブ20ａの経営

ナタネ油やそば粉に。収穫量は少ないですが、どちらも塩原温泉地区内で地産地消できるように自分たちで加工・製品にしています。

その他の畑は、定年退職のお父さんたちがやはりソバをつくるほか、メンバーの一人がホウレンソウの栽培を始める予定です。

友人知人から譲り受け、修理したレンタル自転車が約10台ある

「風の人」が力を発揮

プロジェクトに参加してくれるメンバーは「風の人」と呼んでいます。地元の5人以外は「風の人」で、地域外からふらっとやってきて地域課題を解決し、地元の塩原温泉に浸かって疲れを癒し帰っていく。最近では地域の方々と仲よくなり個別に作業を受託するメンバーも現われています。荒れた畑の開墾には、農機具メーカーの営業所に勤めるメンバーが大型トラクタなどの実演機を持ち込んでくれました。それで農機の操作を覚えて就農を決めた若者もいます。

2022年からは、栃木県の事業で導入したEバイク（電動アシスト機能付きマウンテンバイク）を使っての里山ガイドツアーも展開予定です。これまでは自分たちが楽しみながらのボランティアで、機械などの経費はむしろ持ち出しで運営してきましたが、里山ツアーのガイド料をプロジェクトの運営資金にできればと考えています。

まだまだ始まったばかり、課題は山積みですが、それも楽しみながら、地域の方々や風の人とともに解決に向けて取り組んでいきたいと思います。僕たちなりのアイディアと実行力で里山（中山間地域）の魅力をPRしていきます。

「季刊地域」2022年春号（農文協）より抜粋

ソバを播くために畑を耕す

集落会議の つくり方

田畑昇悟
京都府南丹市　NPO 法人テダス

本記事は『季刊地域』2023年冬号、春号、夏号（No.52　53　54）に連載された『集落会議のつくり方』から一部を抜粋し編集部にて再構成したものです。

心地のよい話し合いが 好循環を生む

私が暮らす京都府南丹市では、数年前から地域再生計画（集落ビジョン）の策定に取り組む集落が増え始め、ちょっとしたブームになっている。多くの集落が現状を変えようともがき始めている。

集落で新しく何かが動き出そうとする際、そこには決まって話し合いがある。集会場に寄り合う話し合いもあれば、アゼ道や軒先、飲み屋さんとか、場所はともあれ、誰かと誰かが対話し、「それええやん！」となって動き出す。心地のよい話し合いができれば行動したくなり、また話し合いたくなる。そうした好循環で集落はどんどん変化する。

よい呼びかけとは？

よい会議をするためには、よい呼びかけをするのに尽きる。よい呼びかけは、住民の当事者意識を高めるもので、当事者意識を高めるには、(1) 当事者自らが、(2) 趣旨をはっきりと示し、(3) 公募と個別の声掛けをするとよい。

集落内で開かれた会議なのに、自治体や社協の呼びかけで住民が集まるケースがあるが、これでは住民の自主性は低い。自治体などは主催者とならず、支援者のポジションをとるのが好ましい。

ちょうどよい言葉で呼びかけするのは意外と難しく、理想はプランが白紙で、ターゲットをどのような状態にしたいのかが示されているものだろう。例えば「ごみが散乱する川をきれいにしたい。やり方は一緒に考えよう！」という具合に呼びかける。なるべくゼロに近い企画のところから関われるほうが、プロジェクトへの意欲は高まりやすい。

有志でプロジェクトを 立ち上げる

自らの意思で積極的に集落づくりへ参画する人を増やすためには、有志を基本に新規プロジェクトを立ち上げるのがよい。そのためには、兼任や持ち回りなどとは関係のない会議で、誰もが参画できる状態、要するに公募をしなければならない。

個別にも声をかけよう

次に大切なのは共感と信頼だ。

信頼できるかは、個人間の関係性によるため、個別の声かけも重要となる。

公募も個別の声かけも両方することがポイントだ。個別だけだと、声をかけられた人が「他の人の目が気になる」とためらったり、声をかけられていない人が気分を害したりする。

話し合い疲れはなぜ起こる？

私の身近でも「いろんな会議に呼ばれて疲れる」「疲れるだけで、何も起こらない」などの声を聞く。ワークショップという言葉を田舎でも普通に聞くようになり、「付箋を貼るのはそのときはおもしろいけど、その後、何にもならない」や「あのあとどうなったのかわからない」という声も出てきた。付箋をペタペタするのは意見やアイデア出しの段階で、好き勝手言う発散の時間だ。その後の収束段階（アイデアの絞り込み）に住民が参画できないときに、「あの後どうなった？」の状態になる。

動かないのは会議が悪い

私が集落の支援に関わり始めた10年前、住民からは「会議しても具体的な動きにならない」との声がしばしば聞こえてきた。住民たちはその原因を「近ごろの若者はやる気がない」「うるさいおっちゃんがいるから」と分析し、「うちの村は特別だから」と締めくくった。

また、行政主導の会議に出席した市民からは、「意見を出したけど、あの後どうなった？」「アリバイづくりに使われた！」などの怒りの声もあった。そうした批判や諦めの声を聞くたびに、プランの立て方が悪いだけではないかと思った。

よい会議には成功体験が必要

南丹市日吉町の殿田地区では2020年、集落再生計画（集落ビジョン）を話し合うために有志15人ほどで4回の会議が開かれた。そのなかで9チームのプロジェクトが生まれ、具体的なアクションに結びついた。さらに2年後、これらのプロジェクトを生んだ成功体験が後押しとなり、集落組織の運営方法そのものを見直す有志チームが生まれ、今まさにその話し合いが行なわれている。

話し合いを始めた当時の殿田区から多様化する集落課題を解決し、住み心地を向上させていきたいという声が住民からこぼれ始めた。それを好機と有志を募ったところ、13人が手を挙げ、自治会公認の有志委員会が発足した。有志メンバーのなかには息子世代といわれる30代の若者や女性、Ｉターン者も含まれた。

発足から数カ月が経った20年10月ごろ、委員会の代表と、伴走支援者として関わっていた集落支援員のお二人からＮＰＯ法人テダス（私の職場）に、「会議はどのように進めたらよいか」と相談を持ち掛けられた。

意見が出やすくする工夫

テダスが提案した会議は全４回。前半の２回でアイデアを出す「発散会議」、後半２回で絞り込みの「収束会議」を行なうプランだ。それと、会議に出席しない人の意見も聞くアンケート実施を勧めた。

▶「チェックイン」とは

初会議は、「会議の目的確認」「全４回の進め方の説明」「チェックイン」「場のルール設定」「まちづくりに活かせる資源を可視化する話し合い」「資源を活かしたプロジェクトアイデアを出す話し合い」の流れで進めた。

チェックインとは、自分の存在を場にいる全員に認識してもらう行為だ。

集落の会議では、レクリエーション的要素をなるべく入れないほうがよい。お遊び感がすると「意味ないことをさせるな」と怒りだす人もいるので、殿田会議のチェックインでは、「なぜこの会議に出席したのですか」という問いを私は場に投げかけた。その際、「『○○さんに誘われたから』と言うのは禁止です。誘われて、どういう気持ちになって来たのかをお話しください」と付け加えた。

▶発散会議の四つのルール

第1・2回の会議（発散段階）で私から提案したのは、「(1) 自由に発言する」「(2) 前例にとらわれない」「(3) 人の揚げ足をとらない」「(4) すぐに実現できなくても夢を語る」の四つである。

発散の中身を具体的に

ここからが、いよいよ本題である。4～6人のグループで一つの机を囲み、話し合いをスタート。私は「まちづくりに活かせる資源をたくさん出しましょう」と場に投げかけ、出席者たちは付箋紙や模造紙にそれを書き込んだ。続いて、可視化した資源を活かしたり、伸ばしたり、残したりするプロジェクトアイデアを出し合う時間を設けた。

発散2回の会議の結果、118個のアイデアが集まった。私からは「こんなんどう」という提案は一切していない。「いいですね」とうなずきながらニコニコしていただけだ。

「資源」や「困りごと」の「解像度」は高いほど、すなわち具体的なほど、あとのプロジェクトアイデア出しでよい意見が出やすくなる。資源であれば「自然豊か」のようなふんわりとした内容ではなく、「○○さんちの裏に○○草が自生している」のようにはっきりと記す。困りごとでよく出るのが「高齢化」という言葉だが、これはよくない。高齢化は確かに現状を表わす課題だが、それ自体が誰かのお困りごとではない。

発散と収束を分ける意味

企画会議では、「発散段階」と「収束段階」をきっちり分けたほうが独創的なアイデアが生まれやすいばかりでなく、傷つく人も出にくい。

発散段階では、否定や絞り込みをせず、とにかくいっぱい意見を出すとよい。
そのとき、「資源（よいところ）出し」から始め、「よいところ活用アイデア」「お困りごと」「お困りごと解決アイデア」と進めていくとスムーズになる。

収束の場もオープンに

発散の場で、付箋や模造紙を使って自由にひたすら事業アイデアを出す会議を経験された人も多いだろう。このとき次の収束の場がちゃんと開かれた場になっていないと、アイデアを出しても何も起こらない、「あの後どうなった状態」に陥り、「もう期待しません」などといった集落への参画意欲を下げてしまう。あくまで住民公募の有志でやることが大前提であることを忘れないでほしい。

やりたい気持ちの強さで絞り込む

アイデアの絞り込み方は単純で、やりたいと思うものを選んでいくだけだ。

簡単な方法は、やりたいこと投票である。ほかに、やりたい想いの強い人からプレゼンしてもらう方法もよいだろう。「やりたいことフィルター」だけでは十分な絞り込みができず現実味がないときは、「すぐにできそうなことフィルター」でさらに絞り込む。それでも甘いと感じたときは「求められていることフィルター」を使い、発散段階で出した「お困りごと」との関連性が高いアイデアを優先的に採用するとよい。

これまで会議支援をしてきた経験から、10人ほどの会議なら3～5、20人ほどなら5～10まで事業アイデアを絞り込むとちょうどよいので目安にしてほしい。

絞り込みで残らなかった事業アイデアは、いずれやりたいことリストとしてストックする。

アイデアがある程度絞れたら、チームづくりへと進む。ここでも「やりたい」の気持ちを一番に尊重し、スタッフとして関わりたいと思う人たちだけでチームをつくる。どこにも所属しない人がいても、無理強いしてはいけない。

動けばコミュニティが強くなる

集落を代表している立場、例えば区長や自治会長と呼ばれる人なら、何が事業案として絞り込まれるのか不安に思うだろうが、次のように考えてほしい。

自治にとって大切なのは、集落住民の当事者意識総量である。この総量が増えれば、各々が勝手に頑張ってくれるようになる。だから「やりたい」という気持ちを尊重しなければならない。

次に、何でもよいからとりあえずやってみれば、経験値が増えて能力が上がる。ようするに「できること」が増えるのだ。そのこと自体を集落の成長だととらえるとよいだろう。

フレームワークで企画書づくり

新しいことを始めるのに慣れていないメンバーの場合、不安もあるだろう。そこで、殿田のケースでは、フレームワークを利用して企画書づくりをする会議を1回設けた。

私が用意したフレームワークのシートは、A4サイズの簡単なもので、(1) プロジェクト名（仮称ＯＫ）、(2) 受益者（誰をハッピーにしたいのか）、(3) プロジェクトを実施するために必要なことや条件、(4) 欲しい物やかかる経費、の項目を埋めてもらう用紙だ。

キモなのは (1) の名称を考えてもらうところである。人は不思議なもので、名前が付けばチームの結束や責任感が強まり、モチベーションも上がる。

情報共有で風通しよく

これまで話し合ってきたことを、会議に出席していない住民に伝えることを忘れてはいけない。

殿田では、話し合いの経過やプロジェクト概要を冊子にまとめ、参画者募集のメッセージを添えて全住民に配布したほか、市役所や市社協、交番など、今後連携していきたいと思う組織とも共有した。その後も会報紙を毎月出し、各プロジェクトの進捗状況や集落内での出来事を共有し続けている。

マップや冊子、メールなど、形は何だってよい。情報共有をちゃんとすることで、集落の風通しをよくし、住民の当事者意識を高めていく。「あいつらが勝手にやっている」と言われにくくもなる。

１歩目を軽やかに

どんどん新しい動きが生まれる集落を見ていて思うことがある。１歩目を気楽に踏み出せば、２歩目も軽やかだ。反対に１歩目が重いと、２歩目、３歩目もおっくうになる。「あの後どうなった状態」に陥らないよう、気軽に１歩を踏み出せる収束をしてほしい。

最適土地利用総合対策の概要

最適土地利用総合対策とは、中山間地域等における複数集落を対象に農地保全のための多様な取組を総合的に支援する農林水産省の事業で、事業実施期間は最大で5年となります。

ステップ 1

まず、地域ぐるみの話合いにより、営農を続けて守る農地と粗放的利用を行う農地を仕分け、実証的な取組を行って農地利用の実現性を確認、3年以内に土地利用構想を作成します。この期間では実証的な取組や話合いのために年1,000万円を上限に支援を受けることができます。

A 地域ぐるみの話合い

複数の集落範囲で
地域ぐるみの話合いを行う

B 土地利用構想の概定

話合いのなかで
土地利用の構想を整理

C 実証的な取組

想定された土地利用を
実証的な取組で確認

ステップ 2

次に完成した土地利用構想に基づき、農地保全のための条件整備や各種取組を行います。

区画整備や簡易トイレなど農地保全のための基盤整備や農業環境整備を行う場合は、年2,000万円を上限に支援を受けることができます。

農地を粗放的に利用する場合には、営農定着のための支援として最大3年間10a当たり1万円または5,000円の支援を受けることができます。

土地利用構想の策定

実証的な取組の結果を踏まえ
土地利用構想が完成

ステップ 3

事業完了後、土地利用構想に基づいて5年 … を実施します。

9784540241512
1920061007000

ISBN978-4-540-24151-2
C0061 ¥700E
定価（本体700円＋税）

手間をかけずに…
粗放的農地…
―最適土地…―

2024年6月25日発行
発行　（一社）農山漁村文化協会
〒335-0022　埼玉県戸田市上戸田2−2−2
電話048-233-9351(営業)